辛俊焕

毕业于韩国首尔大学森林资源专业，后取得了硕士和博士学位。1990 年进入韩国国家森林科学院工作，担任林业研究员，并多年坚持研究工作，2014 年担任院长，后辞去工作。1992–2000 年，曾多次代表韩国政府出席制定《气候变化公约》《防治沙漠化公约》等相关的国际会议。现任韩国东洋大学森林商贸学教授。作者尊重生命的尊严，期待现代社会能够得到大自然给的恩赐，潜心研究生物多样性、生态系统、传统的森林知识等。著有《重新观察树》、《森林里我的朋友们》、《走进自然的气息中》（共著）、《韩国传统生态学》（共著）、《树林便是希望》（共著）等关于树木与生态的图书。

文钟勋

大学期间学习视觉设计专业，之后在研究生阶段学习了插画设计，现在致力于编写有趣的故事和创作图画。在创作本书时，他一直想要成为可以像树一样不断成长的人。作品有：《动物们的第一届奥运会》《人是什么？》《阿琳家族的开始》《吝啬先生》《吃与被吃的老虎》《虎穴中的打糕派对》《活着？死了？活了！》《读书，要么读，要么吃》等。

这本书有 7 个有趣的部分哦！

你好啊 大树	最让人好奇的大树之谜
相遇了 大树	和大树亲密接触的节日
好奇呀 大树	大树的秘密快来看这里
惊讶咯 大树	大树的那些“不可思议”
思考吧 大树	大树啊大树我想了解你
享受吧 大树	和大树一起玩儿的游戏
保护它 大树	大树啊大树我要保护你

神奇的自然学校

大树的秘密

（韩）辛俊焕 著

（韩）文钟勋 绘

珍 珍 译

辽宁科学技术出版社

· 沈阳 ·

树可以活多久？

看看这棵银杏树，好高啊！猜猜它几岁了？
哇，好酷啊！
人如果活到100岁就算很了不起啦！据说还有活了1000多年的银杏树呢！

你好！我是生活在树上的啄木鸟。每一种树存活的时间都不同。有些树可以活20年，有些树可以活300~500年。一些松树和银杏树甚至能活到1000年以上呢！
看到这些古老的树，让人不得不感叹啊！
可不是嘛！
我也要像树一样成长。

植树

今天是植树节！
好多人来种树啊！
树木博物馆开
植树活

让你看看我的实力！

嗯，没那么容易啊……
有这么多石头，看起来很难挖啊！
嗯，没那么容易……

我们的树能活下来吗？
当然！

我们种的这棵树是什么树呢？
松树。
要是能种我喜欢的苹果树就更好了！
我儿子是个“放屁虫”，应该喜欢桑树呀！
哈哈哈，“放屁虫”。
爸爸，你太过分了！

种树时，要挖一个深度为树根长度1.5倍的坑。

然后，把树根捋顺，立直树干，再填满土就行了。

填好土后，轻微向上拉一拉树苗，同时踩实土壤。

最后，充分浇水。
为了防止水分蒸发，可以在土上铺一些落叶或草。
小树，你要健康成长哦！

道路两旁种了银杏树；有些人在自家院子里种了苹果树；公园里种满了榉树和松树。

仔细观察我们身边的树木，每棵树的大小、树叶、枝干长势都各不相同。有些树长得比人要高很多，有些树却长得很矮，还有一些树没有明显的主干，从地底长出来时就分成多个枝干，它们叫作灌木。

灯台树的枝干一层一层的，很整齐。榉树的枝干就长得随意多了。

有一年四季树叶常绿的常青树，也有秋天或冬天就会落叶的落叶树。有叶子宽的阔叶树，还有树叶像针一样尖细的针叶树。

虽然每一种树长得不一样，但是它们还是有很多共同点的。

比如，所有的树都有根、干、枝、叶。

树根会长进土里，树干负责牢固地支撑着整棵大树，大多数的树枝和树叶则朝向天空生长，就像展开双臂罚站一样，直立在那里。

树枝
树干
树叶
树根

小朋友们只有吃了饭，才可以长高，变得更有力气。

那树吃什么呢？

树根会吸收土壤中的水分，同时也会吸收生长所需要的营养成分。树根吸收的水分和养分会通过树里的传输管道，输送到身体的各个地方。

树木的生长也离不开阳光。

吸收的阳光越多，生成的能量越多，树木就会长得越高。树木为了吸收更多的阳光，会用力地伸展自己的枝干。

不适合树木生长的地方

树木的生长需要一定的空间，有足够的空间，才可以扎根，才能够自由地伸展枝叶。如果树与树之间的间隔过于狭窄，树木的生长就会受到阻碍。

南极或北极等非常寒冷的地方、风大的地方和干旱的地方，都不利于树木生长。

每一种树的树叶长得都不一样

仰望树木，就会看到有很多树叶。这些树叶有着千奇百怪的形状。

是又宽又圆的形状，还是像针一样尖细的形状？

树叶的叶边有像锯齿一样凸起的、平滑的，有像水波一样波状的……形状多种多样。

仔细观察树叶，就会发现树叶上有叶脉，就像人手上的指纹一样。

叶脉是水分和养分传输的通道。每片叶子的叶脉都各不相同。

树叶是绿色的，这是因为它含有一种叫作叶绿素的绿色色素。叶绿素聚集在叶绿体中，在这里水、二氧化碳和阳光会相聚，生成葡萄糖和氧气。这就是光合作用。

大树就像魔法师

树叶起着非常重要的作用。

树叶的背面，有一些用肉眼看不见的小孔——气孔，树叶通过这些气孔吸收空气中的二氧化碳。

二氧化碳、水和阳光，经过树叶这个神奇的魔法师变成了葡萄糖和氧气。葡萄糖会帮助树生长，氧气则通过气孔排出，让动物们呼吸到富含氧气的新鲜空气。

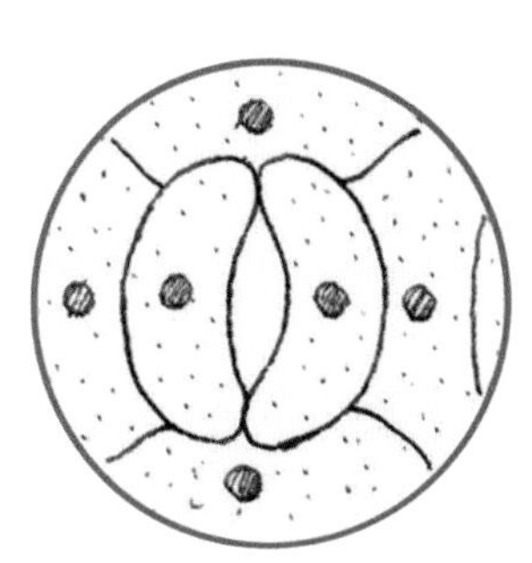

气孔打开的状态

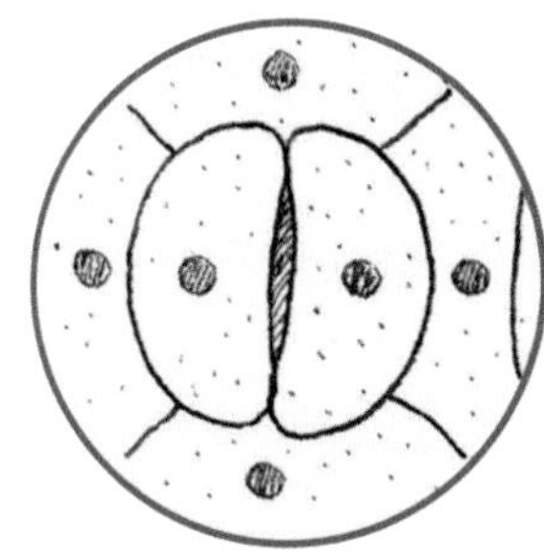

气孔关闭的状态

气孔打开时，空气会从树叶背面张开的气孔中流通；树根吸收的水会转化成水蒸气通过气孔向外排出，这叫蒸腾作用。

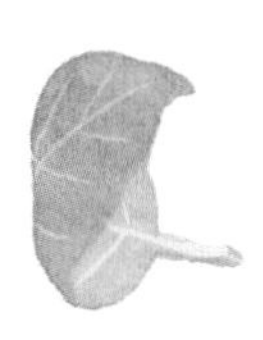

春夏秋冬，大树真勤劳

走过了寒冷的冬天，来到了温暖的春天。

大树会长出嫩芽、开花。春天长出的叶和花都是大树在前一年就已经准备好的。

大树在秋天叶子落下后会长出冬芽，在下一年春天就会从冬芽里长出叶子来。

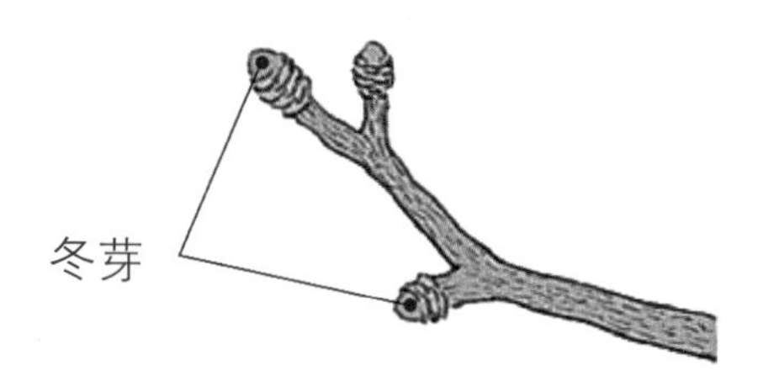

冬芽被一种黏稠的物质或絮状物覆盖，这种物质可以保护它顺利过冬。

秋天，许多大树都会被染成五颜六色。

随着天气转凉，树叶开始一片片掉落，只剩下光秃秃的枝干，这是为了防止在干燥的冬天水分通过树叶蒸腾。

就这样，大树无论是春、夏、秋、冬都会一直忙碌。

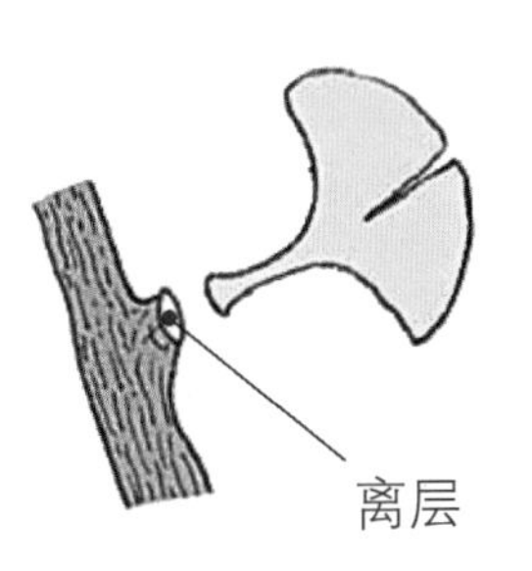

天气转凉时，在叶柄和树枝处会形成离层，导致树叶脱落。

温暖地区的树和寒冷地区的树

受气温和环境的影响，生长在温暖地区的树与生长在寒冷地区的树是不一样的。

干燥的地方：

由于缺少水分，树很难在这样的环境中生长，这里是仙人掌和荆棘的天下。

温暖的地方：

四季分明，主要生长着橡树、枫树、梧桐树等，秋天或冬天时树会落叶。

在四季分明的温暖的地方，冬天也是寒冷的，所以这里有很多秋天或冬天会落叶的树。

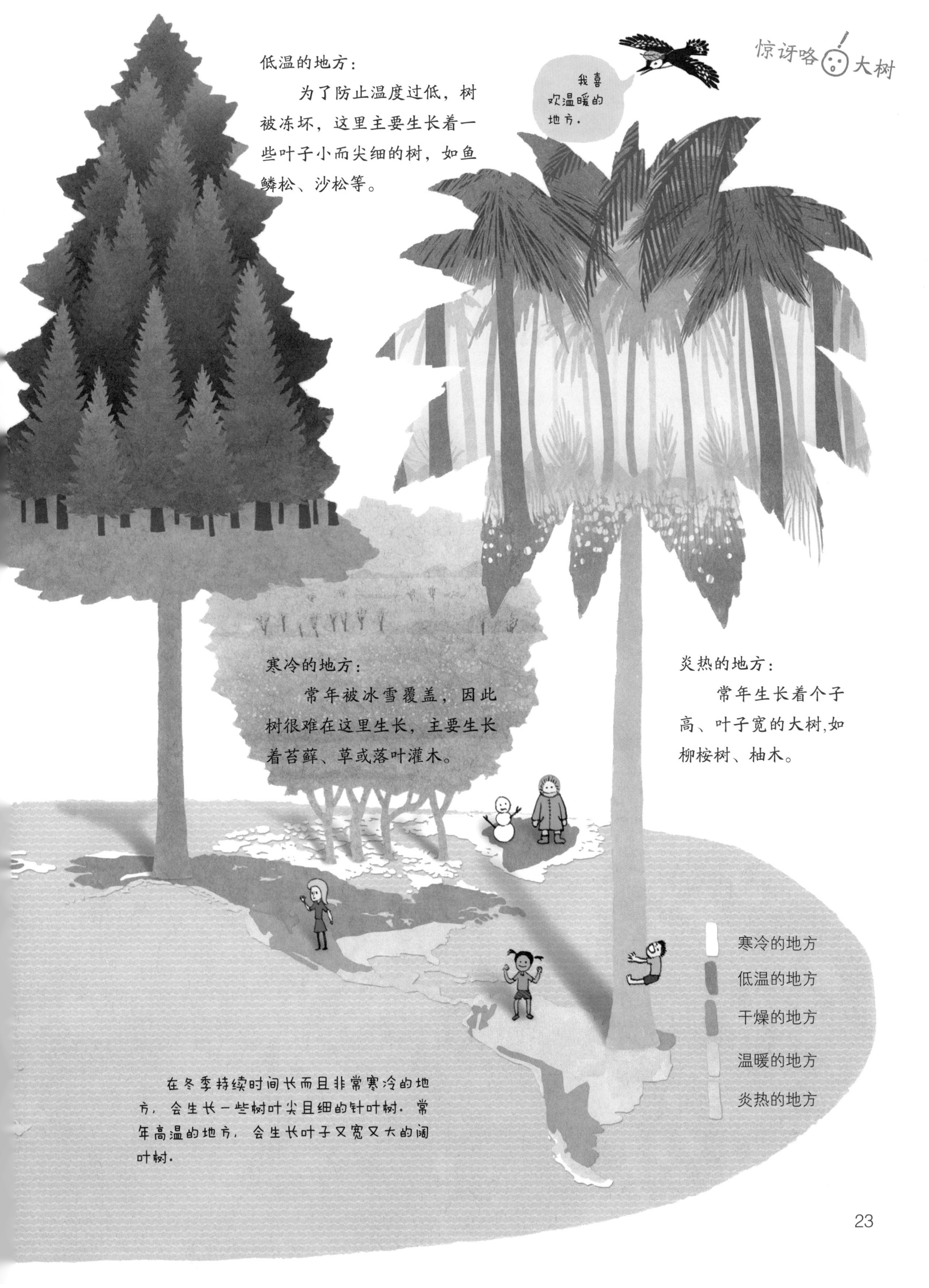

低温的地方：

为了防止温度过低，树被冻坏，这里主要生长着一些叶子小而尖细的树，如鱼鳞松、沙松等。

寒冷的地方：

常年被冰雪覆盖，因此树很难在这里生长，主要生长着苔藓、草或落叶灌木。

炎热的地方：

常年生长着个子高、叶子宽的大树,如柳桉树、柚木。

在冬季持续时间长而且非常寒冷的地方，会生长一些树叶尖且细的针叶树。常年高温的地方，会生长叶子又宽又大的阔叶树。

树也会保护自己

每棵树都只能固定在一个地方，无法自己移动。因此，它们用独特的方法保护自己。

为了驱赶昆虫，它们会释放出奇怪的味道。为了防止自己的树叶或果实被动物或虫子吃掉，有些树会长出尖锐的刺。

树一直在努力地保护着自己。

当天气变凉时，树叶就会给自己涂上一层像蜡一样的东西来防止冻伤。

生长在酷热地带的树，会从土壤里吸收水分，然后向外蒸发，这样，可以降低周围的温度。

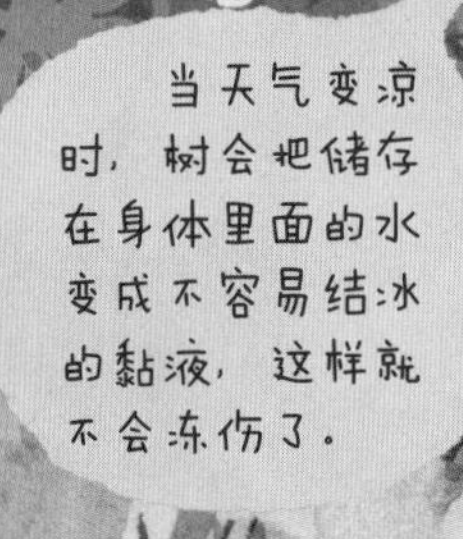

银杏树为了防止动物们乱食自己的果子，会释放出一种奇怪的味道。

对人类有益的植物抗生素

走进长满松树和冷杉的森林，就会闻到一股特殊的香气，这是植物抗生素的气味。为了击退微生物和虫子，树会自己分泌出植物抗生素。这些植物抗生素对人类也非常有益，不仅可以让我们的心情变好，还可以治疗过敏呢。

树的一生

就如同人类会从婴儿长成大人一样，树也会从一粒种子长成一棵大树。我们通过“树的一生”来了解一下树的生长过程吧。

1 这是一粒松树的种子。它很幸运，掉在了湿润且阳光充足的土地上，于是它将自己的根伸向了地里。

2 春天到了，它长出了像王冠一样的松树子叶。它的根变得越来越结实，叶子也会慢慢变大。

松树的子叶真好吃。

3 如同婴儿成长为孩子一样，小种子也终于长成了树的形状。在这个过程中小树会有很多危险，可能被兔子、鹿这样的动物吃掉，也可能会遭受虫子的攻击，还可能被像台风一样的强风吹断。

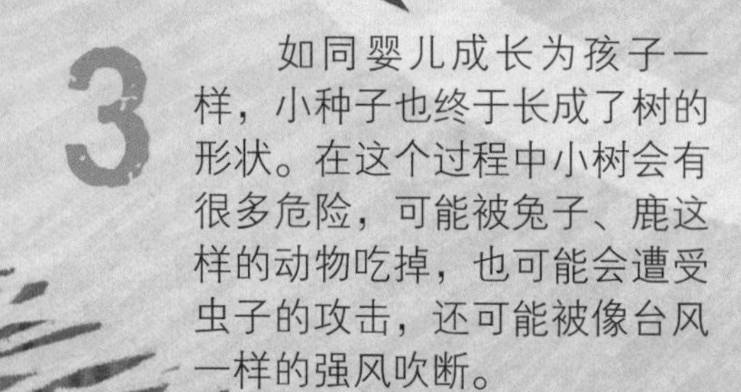

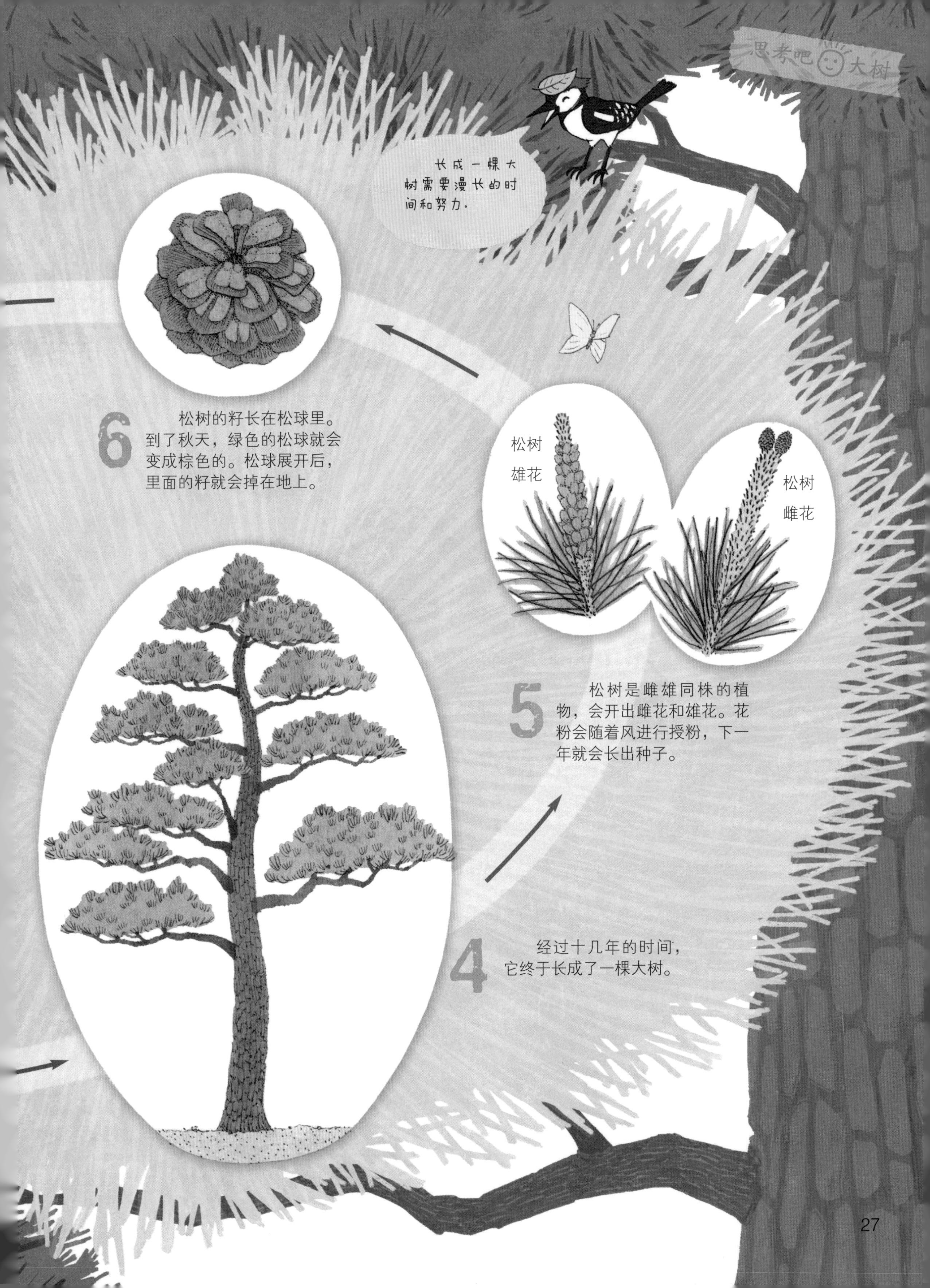

6 松树的籽长在松球里。到了秋天，绿色的松球就会变成棕色的。松球展开后，里面的籽就会掉在地上。

5 松树是雌雄同株的植物，会开出雌花和雄花。花粉会随着风进行授粉，下一年就会长出种子。

4 经过十几年的时间，它终于长成了一棵大树。

树的果实

柿子、苹果、桃是我们爱吃的水果。水果大多是结在树上的果子，果子里有树的种子，五颜六色、甜甜的果子会招来动物们。

动物们会将树上的果实搬到别的地方吃。有的动物会将果实整个吞下，再以粪便的形式拉出种子。

通过各种形式传播的种子，在遇到适宜的环境后就会生根，最后长成一棵大树。

树的年轮

时间一年一年过去，树会变得越来越粗，越来越结实。

树的体内有输送水分的导管和输送养分的筛管。在它们之间有一个形成层。

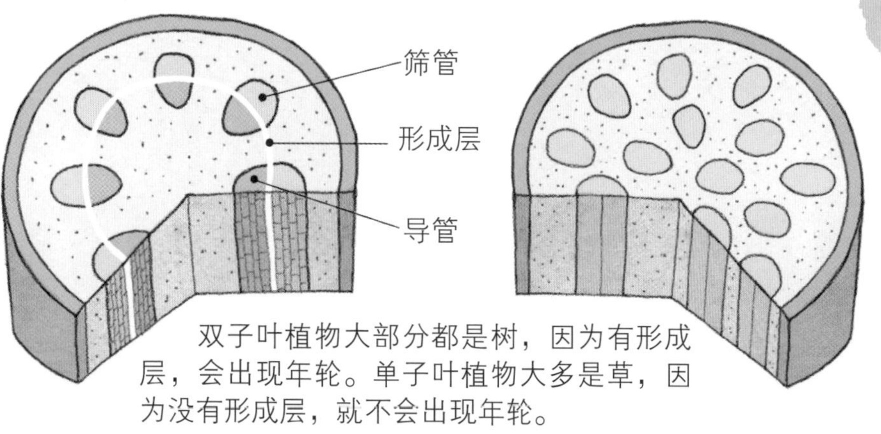

双子叶植物大部分都是树，因为有形成层，会出现年轮。单子叶植物大多是草，因为没有形成层，就不会出现年轮。

形成层细胞不断分裂，数量会越来越多，树的茎部就会越来越粗。

春天或者初夏时节，细胞长得很快，到了冬天生长速度就会变慢。寒冷的冬天，细胞基本停止生长。年轮就是在这样重复的过程中出现的。

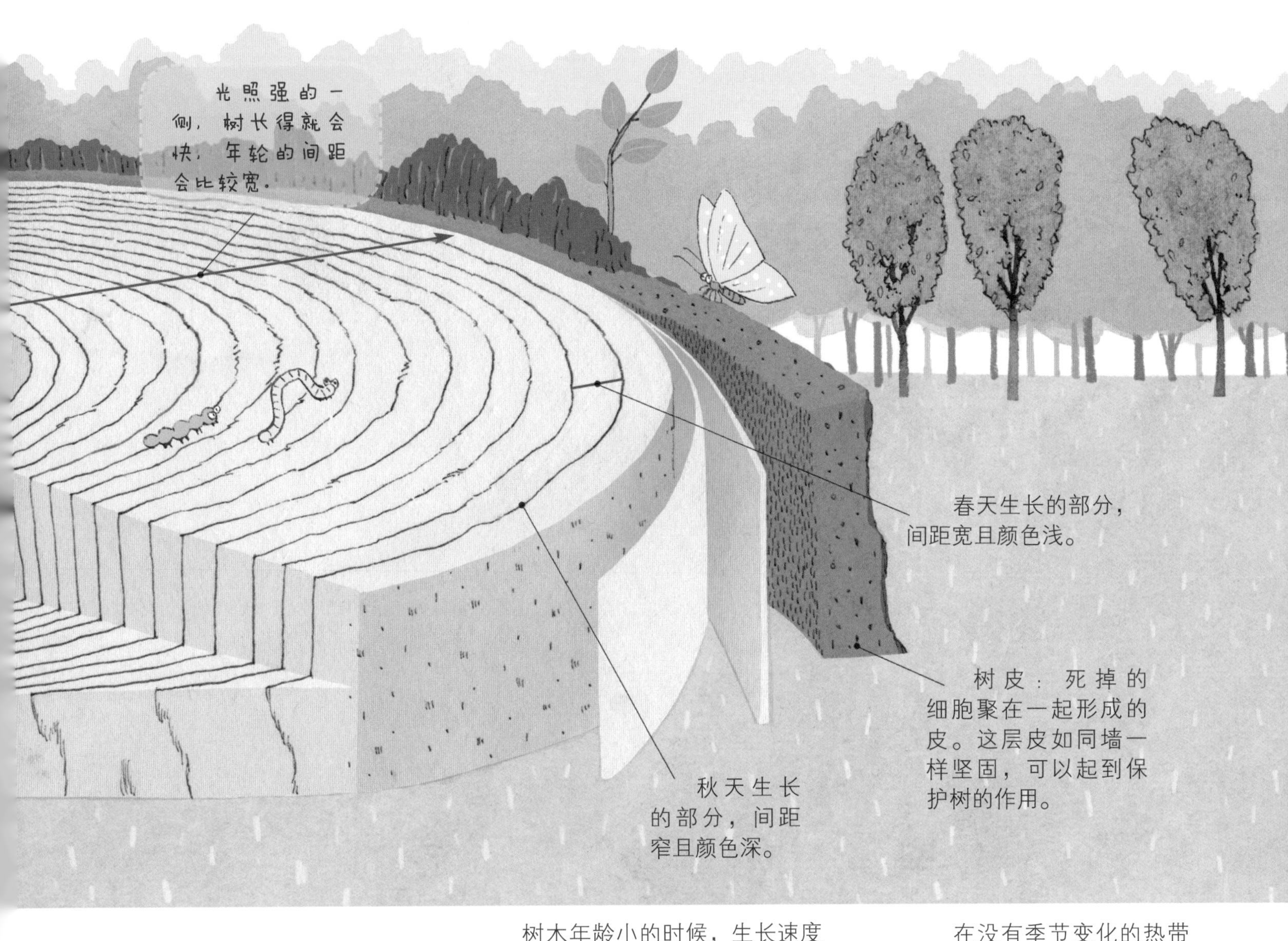

如果遇到森林火灾等灾害，树的生长过程会发生变化，树的年轮就会出现变化。

树木年龄小的时候，生长速度快，因此年轮的间距会比较宽。

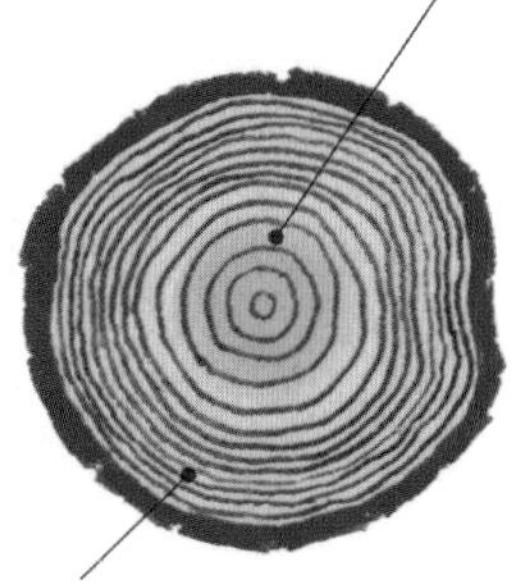

随着年龄的增长，树木生长的速度就会变慢，年轮的间距也会变窄。

在没有季节变化的热带地区，树是没有年轮的。

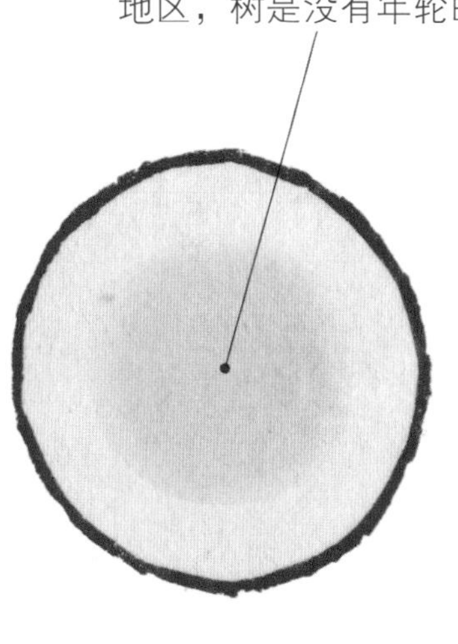

神奇的树木生态系统

仔细观察树，会看到锹甲虫粘在树上吸食着黏黏的汁液，蚂蚁群在树干上爬上爬下，鸟儿在树上搭建鸟巢养育小鸟，小兔子在树下挖洞生活……有很多动物和大树共同生活呢！

树最终也会死亡。当一棵树死去时，即使在春天，也不会长出叶子和花。

枯死的树会成为许多动物和植物生活的基地。天牛会在烂掉的树上产卵，蜥蜴或蜈蚣等动物会拨开树皮在里面生活。苔藓、蘑菇、蕨菜等植物也靠吸收树的养分而生长。

生长在枯树上的蘑菇。

生长在枯树上的蕨菜。

拨开树皮，生活在里面的蜥蜴。

吸食树上剩余水分的昆虫们。

无私奉献的树

你是否想象过一棵树都没有的地球会是什么样？

大树给我们提供乘凉的地方，让我们休息，还给我们提供氧气来呼吸。

它们不仅给我们提供好吃的果实和蔬菜，释放有益于我们的独特香气，还给我们提供制作家具或乐器的木材。

大树一直无私奉献着自己，我们应该感激它们。

聪明的祖先利用树的方法

我们的祖先能用树做很多事情。他们用燃烧后能释放强烈香味的树做成熏香，用樟树做防腐剂，用柞树做木炭等，是不是很聪明？

小区附近的公园里或山上有很多树。你能想出和大树一起玩耍的方法吗？

复制树叶

❶ 准备多种树叶。

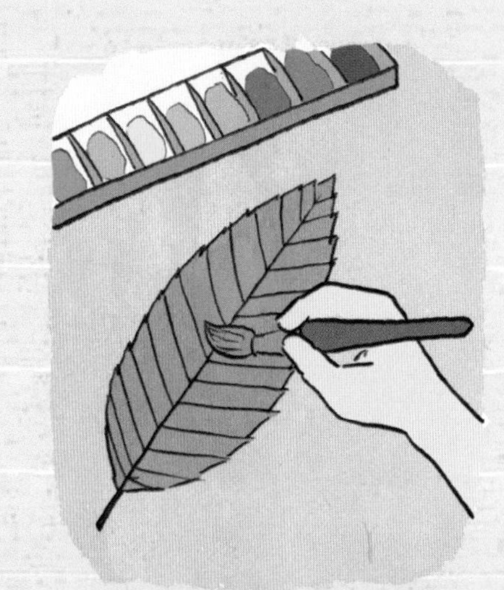

❷ 在树叶上涂上颜料。

❸ 将纸放在树叶上，用力按压。

❹ 也可以用宣纸等较薄的纸，放在树叶上用蜡笔涂色。

用树枝做动物

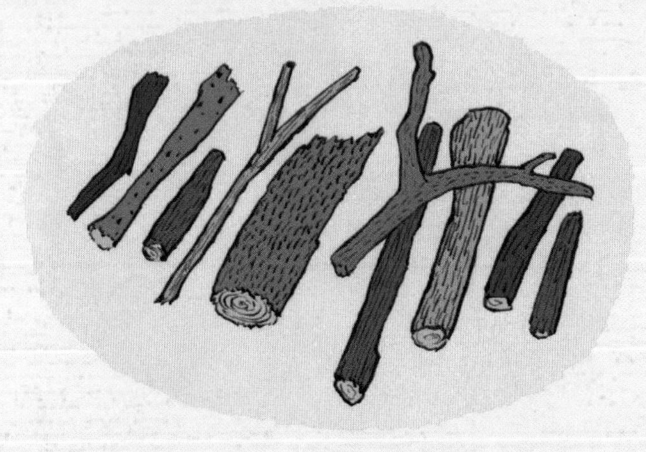

❶ 准备多种树枝，有表面光滑的、凹凸不平的树枝，有一个枝杈、两个枝杈和多个枝杈的树枝。

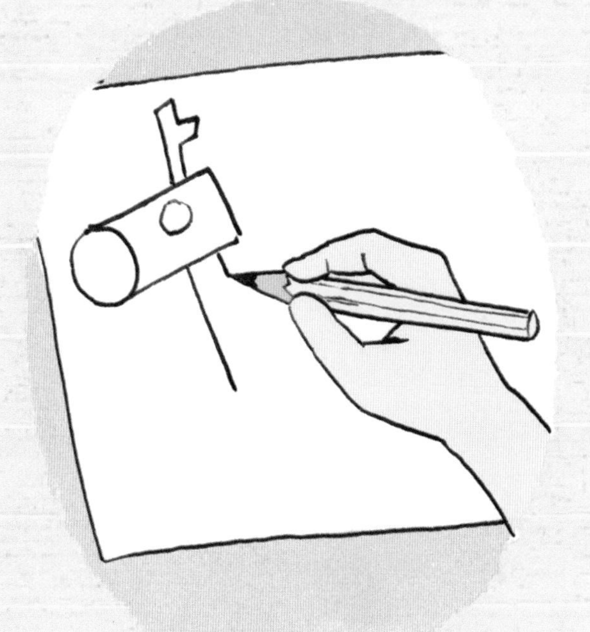

❷ 把你想做的动物造型简单地画在纸上。

❸ 根据画出来的图，用树枝做出动物造型。连接树枝时可以用绳子或胶水。

用树的果实做玩具

橡子和松球都可以用来玩儿，抓住橡子的头部，像陀螺一样旋转，可以跟小朋友比一比谁转得更好。可以用颜料给松球涂上颜色，做出独一无二的装饰品。

请在地球上多种树

如果没有树木，地球就不会是现在的样子了。

树木可以释放出氧气，滋养地球上的生物。

不过，人类有时会忘掉树木给我们的恩赐，会肆意伤害树木。

砍伐树木后，猩猩将失去住所

猩猩生活在树木茂密的丛林里。

在印度尼西亚，人们砍掉了许多树木，改成了棕榈树农场。

因此，猩猩没有了家，也找不到食物，正面临危险。猩猩的数量在逐渐减少，它们正濒临灭绝。

想一想，为了保护树木，我们可以做什么？如果减少一次性用品的使用，节约用纸，就可以少砍伐一些树木。

请多种一些树

在汽车行驶的道路上有很多微小的灰尘和污染物。树能吸收灰尘和各种污染物。

树栽种得越多，就会释放出越多的氧气。

作者说

树会慢慢长大。

幼小的树苗再过几年，个头儿就可以超过我们。树会长高，它的枝叶也会向四周伸展。树不只是在生长，而且是向更远的世界延伸自己的生命。

树用光合作用来养育自己，滋养生活在地球上的生物。人类从很久以前就开始依赖树木生活。用木头做成围栏，燃起篝火，以此来抵抗狼和老虎等猛兽的威胁。树木还可以做成打猎工具、农业工具用来获取食物，或者做成鼓、箫等乐器用来娱乐。

即便是今天，人们的生存也离不开树木。在水泥和柏油马路堆砌成的城市中，树不仅能给我们提供阴凉处，让我们乘凉，而且能吸收灰尘，让空气变得更加干净，还能释放出氧气，让我们呼吸。

这样看来，树是很好的植物。我们应该更多地去观察树木，了解并保护它们！

辛俊焕

图书在版编目（CIP）数据

神奇的自然学校. 大树的秘密 / （韩）辛俊焕著；（韩）文钟勋绘；珍珍译.—沈阳：辽宁科学技术出版社，2021.3
ISBN 978-7-5591-0824-1

Ⅰ. ①神… Ⅱ. ①辛… ②文… ③珍… Ⅲ. ①自然科学—儿童读物 ②树木—儿童读物 Ⅳ. ①N49 ②S718.4-49

中国版本图书馆CIP数据核字（2018）第142351号

出版发行：辽宁科学技术出版社
（地址：沈阳市和平区十一纬路 25 号　邮编：110003）
印 刷 者：凸版艺彩（东莞）印刷有限公司
经 销 者：各地新华书店
幅面尺寸：230mm×300mm
印　　张：5.25
字　　数：100 千字
出版时间：2021 年 3 月第 1 版
印刷时间：2021 年 3 月第 1 次印刷
责任编辑：姜　璐
封面设计：吴晔菲
版式设计：李　莹　吴晔菲
责任校对：闻　洋　王春茹

书　　号：ISBN 978-7-5591-0824-1
定　　价：32.00 元

投稿热线：024-23284062
邮购热线：024-23284502
E-mail：1187962917@qq.com